Sitzungsberichte

der

Heidelberger Akademie der Wissenschaften

Stiftung Heinrich Lanz

Mathematisch-naturwissenschaftliche Klasse

*) *Jahrgang 1921 erschien im Verlage von Carl Winters Universitätsbuchhandlung in Heidelberg.*

Im Verlag von Walter de Gruyter & Co. vormals G. J. Göschen'sche Verlagshandlung — J. Guttentag, Verlagsbuchhandlung — Georg Reimer — Karl J. Trübner — Veit & Comp., Berlin erschienen:

Abteilung A. Mathematisch-physikalische Wissenschaften.

Jahrgang 1922.

1. Perron, Oskar. Neue Summationsmethoden und Entwicklungen nach Polynomen. Reichsmark 0·30
2. Perron, Oskar. Über transzendente Funktionen auf Riemannschen Flächen. Reichsmark 0·60
3. Baldus, Richard. Uber die singulären Punkte reeller Parameterkurven. Reichsmark 0·50

Jahrgang 1923.

1. Deecke, W. Mitteleuropäische Meeresströmungen der Vorzeit. Reichsmark 0·60
2. Liebmann, Heinrich. Die Lie'sche Cyklide und die Inversionskrümmung. Reichsmark 0·40
3. Perron, Oskar. Über Gleichungen ohne Affekt. Reichsmark 0·40
4. Liebmann, Heinrich. Beiträge zur Inversionsgeometrie III. Reichsmark 0·40
5. Kratzert, J. Beitrag zur Kenntnis des Andesins von Bodenmais. Reichsmark 0·50

Jahrgang 1924.

1. Th. Curtius und A. Bertho. Einwirkung von Stickstoffkohlenoxyd und von Stickwasserstoffsäure unter Druck auf aromatische Kohlenwasserstoffe. Reichsmark 0·50
2. Liebmann, Heinrich. Umkehrung des Variationsproblems der ebenen Affingeometrie. Reichsmark 0·60
3. Salomon, Wilhelm. Die Intensitäten alluvialer und diluvialer geologischer Vorgänge und ihre Einwirkung auf die pliocäne Rumpffläche des Kraichgaues und Odenwaldes. Reichsmark 1·20

[Fortsetzung siehe 3. Umschlagsseite.]

*) Bestellungen auf solche Veröffentlichungen der math.-naturw. Klasse, welche früher im Verlag von Carl Winters Universitätsbuchhandlung in Heidelberg erschienen sind, nimmt auch der Verlag Walter de Gruyter & Co., Berlin, entgegen.

Sitzungsberichte
der Heidelberger Akademie der Wissenschaften
Stiftung Heinrich Lanz
Mathematisch-naturwissenschaftliche Klasse
Jahrgang 1926. 13. Abhandlung.

Die Gruppendefinitionen in der Paläontologie

Von

Wilhelm Salomon
in Heidelberg

Eingegangen am 30. Oktober 1926

Berlin und Leipzig 1926

Walter de Gruyter & Co.

vormals G. J. Göschen'sche Verlagshandlung / J. Guttentag, Verlagsbuchhandlung / Georg Reimer / Karl J. Trübner / Veit & Comp.

Die Gruppendefinitionen in der Paläontologie.

Der Zoologe und der Botaniker hat im allgemeinen nicht nur ein viel vollkommeneres Material zur Verfügung als der Paläontologe; er kann sehr häufig auch damit experimentieren und sich in vielen Fällen immer neue Vertreter einer Art oder Abart verschaffen, ja sie in mehreren Generationen verfolgen. Andererseits hat er es nur mit „gleichzeitig", d. h. nämlich, geologisch gesprochen, in derselben Zeiteinheit einer Erdperiode lebenden Formen zu tun. Der Paläontologe aber ist zwar oft in der Lage, zu wissen, daß das eine Stück aus einem späteren Zeitabschnitt stammt als das andere. Wenn er das Material aber nicht selbst gesammelt hat, so kann es unmöglich sein, festzustellen, ob die Unterschiede zwischen zwei ähnlichen Formen auf Entwicklung in der Zeit, also nacheinander, oder auf gleichzeitiger Änderung nebeneinander beruhen. So ist es längst anerkannt, daß die paläontologische „Art" in den meisten Fällen eine wesentlich unsicherere Begründung hat als die zoologische bzw. botanische, ja daß man sie diesen nicht ohne weiteres gleichstellen kann. In der Paläontologie sind wir in der unangenehmen Lage, schon der Bedürfnisse der Geologie wegen, fast bei jedem neuen Funde auch gleich neue Namen aufstellen zu müssen, um uns verständigen zu können. Dabei ist es meist nicht möglich, darauf Rücksicht zu nehmen, ob die beobachtete Abweichung einer neuen Form von den bekannten Formen die Abtrennung als neue Art oder nur als Varietät bzw. Mutation rechtfertigen würde. Gewöhnlich wird sie als „Art" aufgeführt werden. DACQUÉ hat in einer ausgezeichneten Arbeit 1906[1]) an Austern, Actaeonellen, Fungien und Terebrateln ungemein klar gezeigt, wie schwierig und langwierig es damals sein konnte, bei reichlich vorhandenem Material eine Artbegrenzung vorzunehmen. Je weniger Material man damals hatte, um so leichter war die Aufgabe, aber natürlich

[1]) Zur systematischen Speziesbestimmung. Beilageband 22 des Neuen Jahrbuches f. Mineralogie usw. 1906. S. 639—685. Ich bin Herrn Prof. DACQUÉ für einige Literaturnachweise und kritische Bemerkungen über den hier behandelten Gegenstand zu bestem Danke verpflichtet.

nur scheinbar. Variierung, Bastardierung, Standortsanpassung, Verkümmerung, Mutierung[1]) (im WAAGENschen wie im DE VRIESschen Sinne), pathologische Veränderungen usw. führten an vereinzelten Stücken fast immer zur Aufstellung einer „neuen Art". Und so schufen wir einen Ballast von Namen, der es immer mehr erschwerte, wissenschaftliche Folgerungen aus dem Material zu ziehen. Dabei hatte DACQUÉ meiner Ansicht nach völlig recht, wenn er sagte, daß es zunächst nicht erlaubt sein sollte, mit einer bestimmten theoretischen Anschauung und Definition an das Material heranzutreten, gleichgültig, ob man im Sinne von Linné oder in dem einer der verschiedenen Formen der Entwicklungslehre definierte. Man sollte umgekehrt rein empirisch das Material beschreiben und dann erst Folgerungen daraus auf das biologische Verhalten ziehen.

Nach DACQUÉ hat DIENER 1910[2]) die Schwierigkeiten der paläontologischen Artbestimmung eingehend begründet und klar gezeigt, daß die paläontologische „Art" „keine physiologische, sondern eine deskriptive Einheit" ist. Auch STROMER VON REICHENBACH ist in seinem Lehrbuch auf diese Fragen ausführlich eingegangen[3]) und hat besonders scharf betont, daß der Paläontologe die gleichzeitig nebeneinander auftretenden Änderungen von den zeitlich aufeinander folgenden unterscheiden muß. Ein Formunterschied von derselben Quantität kann im ersteren Falle sehr wenig, im letzteren sehr viel bedeuten und hat dann oft die Veranlassung zu neuen Namen gegeben. Schon von NEUMAYR ist hervorgehoben worden, daß in solchen Fällen Übergänge zwischen zwei Formen kein Hindernis für ihre Abtrennung zu sein brauchen. DACQUÉ selbst hat 1914 in einer Bearbeitung abessynischen Juramateriales seinen früheren Standpunkt stark verändert.[4]) Er bekennt sich unter dem Einfluß der mittlerweile von biologischer Seite durchgeführten Untersuchungen über die Variabilität von Populationen dazu, einerseits bei solchen den Artbegriff sehr weit zu fassen, andererseits aber bei Funden weit voneinander entfernter Fundorte oder bei selbst geringfügigen Altersunterschieden die feinsten Unterscheidungsmerkmale zur Arttrennung zu be-

---

[1]) Der Ausdruck „Mutation" wird in der Paläontologie immer mit einem hohen Maße von Unsicherheit behaftet sein. Denn wie will man bei einer als Mutation angesehenen Form den Nachweis erbringen, daß es sich um eine neu auftretende erblich fixierte Änderung in einer „reinen Linie" handelt?

[2]) KARL DIENER, Paläontologie und Abstammungslehre. Leipzig bei Göschen. 1910. Bes. S. 15 u. f.

[3]) Lehrbuch der Paläozoologie. Bd. II, S. 270 u. f., S. 280 u. f.

[4]) Neue Beiträge zur Kenntnis des Jura in Abessynien. (Beiträge zur Paläontologie und Geologie Österreich-Ungarns und des Orients. 27. 1914. S. 1—17.)

nützen. Er will in solchen Fällen auch nicht nach WEPFERS mittlerweile erschienenem Vorschlag die QUENSTEDTsche trinomische Nomenklatur anwenden, weil sonst „sprachlich die Mutationen als Varietäten erscheinen würden". 1916 ist dann durch WEDEKIND[1]) ein ganz wesentlicher Fortschritt gemacht worden, indem dieser Forscher, soweit wie mir bekannt als erster, die neueren Errungenschaften der Erblichkeitslehre und der Variationsstatistik in die Paläontologie einführte. Außer ihm haben sich in neuerer Zeit besonders R. RICHTER[2]), S. v. BUBNOFF, SALFELD, WEPFER, FREBOLD, KLÄHN und viele andere[3]) mit der Frage der Artbegrenzung in der Paläontologie beschäftigt und dabei z. T. ebenfalls beachtenswerte Ergebnisse erzielt. Dabei ist besonders die Verwertung der MENDELschen Vererbungsgesetze und die Verwendung der JOHANNSENschen[4]) Ergebnisse und Berechnungsarten durch einige der genannten Forscher von Bedeutung. Wir sind jetzt immerhin bei reichlichem Material sehr oft in der Lage, nach objektiven Maßstäben eine Art zu begrenzen, während bei spärlichem Material der praktische Zwang eine Namengebung hervorrufen wird, obwohl man sich theoretisch vollständig klar darüber sein wird, daß sie verfrüht ist. Die Verhältnisse liegen also in gewissem Sinne umgekehrt wie früher. Damals brachte großes Material in Verlegenheit, heute spärliches.

Jedenfalls geht aus den vorstehenden Ausführungen deutlich hervor, daß der Kenntnisstand der Paläontologie auf sehr vielen Gebieten so unvollkommen ist, daß wir eine Ausdrucksweise bei den Gruppendefinitionen brauchen, die zum mindesten keine Mißverständnisse entstehen läßt. Soweit ich nun die Literatur kenne, ist in ihr ein Gesichtspunkt kaum berücksichtigt worden, der freilich weniger den Wert der Arten, Gattungen und höheren Gruppen betrifft, auch nicht ihre Abgrenzung

---

[1]) Über die Grundlagen und Methoden der Biostratigraphie. Bornträger, Berlin 1916.

[2]) R. RICHTER, N. Jahrb. f. Min. 1916. Bd. II, S. 31 u. ff.

[3]) S. v. BUBNOFF, Über einige grundlegende Prinzipien der paläontologischen Systematik. Z. f. induktive Abstammungs- und Vererbungslehre. 1919. XXI. S. 158—168. — Ders., Die ladinische Fauna von Forno. Verh. Naturh.-med. Ver. Heidelberg. N. F. XIV. S. 549—604. — H. SALFELD, Über den Artbegriff bei Ammoniten. Z. d. D. Geol. Ges. 1913. S. 477 und andere Arbeiten. — E. WEPFER, Über den Zweck enger Artbegrenzung bei den Ammoniten. Z. d. D. Geol. Ges. Bd. 65. 1913. Monatsb. 8/10 S. 410—437. — E. WEPFER, Die Gattung Oppelia im süddeutschen Jura. Paläontographica. Bd. 59. Bes. S. 1—7. — H. FREBOLD, Phylogenie und Biostratigraphie d. Amaltheen usw. 15. Jahresber. Niedersächs. geol. Verein 1922. S. 2—3. — H. KLÄHN, Der Wert der Variationsstatistik für die Paläontologie. Ber. d. naturf. Ges. Freiburg i. Br. XXII.

[4]) Elemente der exakten Erblichkeitslehre. Jena (Fischer), 1913.

neben- und nacheinander, als die für das gegenseitige Verständnis zweckmäßigste Form der Definitionen.

Da wir nämlich gewöhnlich bei den beobachteten Formunterschieden ähnlicher Organismen in der Paläontologie nicht mit Sicherheit entscheiden können, ob es sich um Änderung in der Zeit oder um Änderungen im Raume handelt und da wir nur bei großem Material die Variationsstatistik anwenden können, so brauchen wir eine Form der Definition, die keine Mißverständnisse aufkommen läßt. Denn diese Definitionen sind für uns zunächst meist nicht der Ausdruck natürlicher Gruppen, sondern Symbole für die Verständigung. Es fragt sich, ob die üblichen Definitionen dieser Voraussetzung entsprechen. Ich schlage z. B. irgendeine Familiendefinition in einem Lehrbuche der Paläontologie auf, etwa die der Cardiiden (es könnte aber ebensogut eine andere sein). Da lesen wir fast immer[1]), daß die Familie ausgezeichnet ist durch den Besitz von zwei Haupt- und zwei Seitenzähnen, durch das Fehlen der Mantelbucht usw. Gehe ich aber die einzelnen Gattungen der Familie durch, so finde ich Adacna ohne Zähne, mit Mantelbucht und mit noch anderen von der Familiendefinition abweichenden Merkmalen. Die Verfasser helfen sich in solchen Fällen durch Zusätze wie „meist", „gewöhnlich"; oder sie fügen zu, daß „sich brackische Formen etwas anders verhalten" usw.

Die für die Familie vorausgesagten Eigenschaften gelten also in solchen Fällen gar nicht für alle ihre Glieder, sondern nur für einen Typus der Familie, nämlich allenfalls die Gattung Cardium selbst. Greifen wir aber nun eine Gattungsdefinition heraus, so ist diese in den meisten Fällen auch nur auf eine bestimmte Art der Gattung, bei den Artdefinitionen auf ein bestimmtes Individuum in einem bestimmten Altersstadium zugeschnitten. Die anderen weichen mehr oder weniger von der Definition ab. Auch hier gilt also die Definition gar nicht für die Gesamtheit der zu der betreffenden Gruppe gehörigen Formen, sondern im wesentlichen nur für einen Typus.

Genau dasselbe würde auch für die Definition der Ordnungen, Klassen und noch höheren Gruppen in vielen Fällen zutreffen.

Unsere Definitionen beziehen sich also meist gar nicht auf S a m m e l b e g r i f f e, die die wirklich gemeinsamen Merkmale der zu einer größeren Gruppe gehörigen Formen sammeln und allein zu der Definition verwenden, sondern sie sind T y p e n d e f i n i t i o n e n, die auf einen Typus zugeschnitten sind und die anderen Formen nur insofern mitberücksichtigen, als sie dem Typus ähnlicher als einem fremden Typus sind. Diese

---

[1]) Es gibt rühmliche Ausnahmen von der Regel.

Art der Begriffsbildung ist nicht die philosophische. Bei dieser nehme ich einen Hund, einen Hasen, ein Känguruh und ziehe von jedem dieser Tiere so viel Sondermerkmale ab, bis nur noch das wirklich Gemeinsame übrigbleibt, in dem gewählten Beispiele nämlich „Säugetier". Jedes Säugetier hat wirklich die Merkmale des Begriffes Säugetier.

Ganz anders verhält sich die Typendefinition. Sie ist insofern für uns vorteilhafter, als ja fortwährend neues Material entdeckt wird, das in die Schachteln, Schubkästen und Schränke unserer Systematik eingereiht werden muß, und sehr oft nicht hineinpaßt, weil eben die gewählte Definition ohne Kenntnis des neuen Materiales aufgestellt war. Bei der Typendefinition macht das nichts aus. Ich finde eine neue Form und überlege einfach, welchem Typus sie am nächsten steht. Dort reihe ich sie ein. Unterscheidet sie sich von dem Typus durch Merkmale, von denen es noch nicht möglich ist zu entscheiden, ob sie eine größere Bedeutung haben, so ist es jedenfalls viel zweckmäßiger, diese Unterschiede durch eine angehängte dritte Bezeichnung, also trinomisch auszudrücken, als sofort einen neuen binomischen Artnamen aufzustellen. Schließlich hat doch auch das menschliche Gedächtnis seine Grenzen; und es ist jedenfalls nicht gerechtfertigt, es zu belasten, bevor ein unzweifelhafter Grund dafür feststeht.

Unterscheidet sich eine Form von dem bereits benannten Typus in der Weise, daß sie eine Annäherung an einen anderen benannten Typus darstellt oder steht sie in der Mitte zwischen beiden, so läßt sich auch das bei der Typendefinition viel leichter zum Ausdruck bringen als bei der Sammeldefinition. Man schreibe einfach den Gattungs- und Speziesnamen mit einem Pfeil →, und dahinter den Namen der Spezies, zu der die Eigenschaften hinüberführen, also etwa „Lima costata → regularis". Dabei wäre der näherstehende Typus zu unterstreichen.

Es würde naheliegen, auf diese Weise auch Varietäten von Mutationen zu unterscheiden, indem man bei den ersteren die beiden Namen horizontal nebeneinander, bei den Mutationen vertikal übereinander setzt. Leider würde das den Satz so verteuern und erschweren, daß das praktisch kaum durchführbar wäre. Es bliebe aber immer noch die Möglichkeit, hinter den Pfeil den Buchstaben v oder den Buchstaben m zu setzen, um auszudrücken, daß es sich entweder um eine Varietät oder um eine Mutation handelt.

Selbstverständlich wird man auch durch eine derartige Bezeichnungsweise nicht diejenigen Schwierigkeiten beheben können, die die Natur selbst geschaffen hat. Herr Prof. DACQUÉ fragte bei mir an, wie ich mich praktisch verhalten würde bei „1. einem sehr reichen Material aus verschiedenen Jurahorizonten, wobei sich die Typen (etwa von Perisphinkten) in mehreren Horizonten wohl unterscheiden, dennoch aber Formüberschneidungen vorkommen. Ferner wie man sich 2. verhalten soll in Fällen, wo man etwa eine ausländische Fauna hat, die in allen Gliedern bis auf zwei oder drei sich von einer bestimmten einheimischen Art verschieden erweist, so daß man die paar identischen eben als Zufallskonvergenzen erkennt und ihnen kaum denselben Artnamen beilegen darf." In diesem letzteren Falle würde ich vorschlagen, zwar denselben Artnamen zu verwenden, aber durch den Zusatz „Pseudo" auszudrücken, daß es sich um Formengleichheit durch Konvergenz und nicht durch gleiche Abstammung handelt. Im ersteren Falle dürfte es sehr schwer sein, allein durch Namengebung, statt durch eine Beschreibung den Tatbestand auszudrücken. Indessen dürfte auch in diesem Falle die Typendefinition immer noch zweckmäßiger sein als die Sammeldefinition.

Eine andere Schwierigkeit für unsere Definitionen ist die, daß sich eine jetzt wohl definierbare Familie aus so abweichenden Formen entwickelt hat, daß eben nur noch die Abstammung das verbindende Band darstellt (Beispiel Pferde oder Kamele). Will man solche Formen mit ihren Vorfahren in eine gemeinsame Familiendefinition einzwängen, so tut man der Natur Gewalt an, da sich die für eine Familiendefinition brauchbaren Merkmale fast alle geändert haben. Man wird besser tun, in solchen Fällen überhaupt keine Familiendefinition aufzustellen, sondern eine „Reihendefinition", d. h. anzugeben: Die Reihe beginnt mit einem Typus A (den man als solchen definieren kann) und führt zum Typus B. Auch in diesem Falle kommt man also mit einer Typendefinition eher durch als mit einer Sammeldefinition.

Entschließt man sich aber zur bewußten Anwendung der ersteren, so darf man sich auch in Lehrbüchern und Einzelarbeiten nicht so ausdrücken, als ob die Definitionen Sammelbegriffen entsprächen. Ich besinne mich noch sehr gut darauf, wie außerordentlich mich und andere als Anfänger die Form der Definitionen störte. Man hatte ja nie festen Boden unter den Füßen. Hatte man eben eine Definition erlernt, so sah man sofort im Einzelfall, daß sie nicht paßte. Man schreibe also beispielsweise: Familie der Cardiidae; der Typus der Familie hat die und die Eigenschaften. Einzelne der Gattungen entfernen sich durch geringere Zahl der Zähne oder gar völlige Rückbildung, durch Herausbildung einer Mantelbucht usw. ziemlich weit von dem Typus. Ebenso schreibe man bei der Gattungs- und entsprechend auch bei der Artdefinition: der Typus der Gattung (Art) hat die und die Eigenschaften. Dann haben wir die zweckmäßigste und dem heutigen Kenntnisstande fast immer am besten entsprechende Form der Definition gewählt.

Nachtrag.

Mein verehrter Kollege, Herr Prof. JOST, macht mich dankenswerterweise darauf aufmerksam, daß auch in der Systematik der rezenten Pflanzen ähnliche Schwierigkeiten bestehen wie in der Paläontologie. So hat schon SCHLEIDEN in der 1861 erschienenen vierten Auflage seiner „Grundzüge der wissenschaftlichen Botanik" auf S. 9 an Beispielen der Gattungen Anthemis und Hieracium gezeigt, daß auch da die Sammeldefinitionen in der angewandten Form versagen, und sich darüber lustig gemacht. Auch sind in der Botanik aus ähnlichen Gründen, wie ich sie in der vorliegenden Arbeit angeführt habe, trinomische und tetranomische Bezeichnungen, wenn auch manchmal in verhüllter Form, oft im Gebrauche.

4. HEFFTER, L. Zur absoluten Geometrie. Reichsmark 0·60
5. VAN WERVEKE, L. Über die Entstehung der lothringischen Lehme und des mittelrheinischen Lößes. Reichsmark 1·50
6. KRULL, WOLFGANG. Die verschiedenen Arten der Hauptidealringe Reichsmark 0·50
7. ROESER, ERNST. Übergang von der nichteuklidischen Streckentrigonometrie zur Winkelmessung. Reichsmark 0·30
8. WELLSTEIN, JULIUS. Zur Differentialgeometrie der isotropen Kurven. Reichsmark 1·50
9. EWALD, RUDOLF. Die geodynamischen Erscheinungen des krystallinen Odenwaldes als Beispiel einer geoisostatischen Ausgleichsschwingung. Reichsmark 1·50
10. VOELCKER, ILSE. Über eine ganz junge Verwerfung bei Rauenberg im Kraichgau. Reichsmark 0 30
11. LIEBMANN, HEINRICH. Die Aufschließung von Differentialinvarianten Reichsmark 0·50

Abteilung B. Biologische Wissenschaften.

Jahrgang 1923.

1. KOSSEL, A. und R. E. GROSS. Über die Darstellung und quantitative Bestimmung des Arginins. Reichsmark 0·30

Von Jahrgang 1925 ab findet die Trennung in Abteilung A und B nicht mehr statt.

Jahrgang 1925.

1. HEFFTER, LOTHAR. Zur absoluten Geometrie II. Reichsmark 0·50
2. ROESER, ERNST. Die komplementären Figuren der nichteuklidischen Ebene. Reichsmark 0·50
3. FLADT, KUNO. Neuer Beweis für die Zuordnung von rechtwinkligem Dreieck und Spitzeck in der hyperbolischen Elementargeometrie. Reichsmark 0·30
4. SALOMON, WILHELM. Beobachtungen über Harnische. Reichsmark 0·70
5. LOEWY, A. Beiträge zur Algebra. 1—4. Reichsmark 1·—
6. HELLPACH, WILLY. 2. Mitteilung zur Physiognomik der deutschen Volksstämme. Reichsmark 0·30
7. LOEWY, ALFRED. Neue elementare Begründung und Erweiterung der Galoisschen Theorie. Reichsmark 2·—
8. CURTIUS, THEODOR und BERTHO, ALFRED. Einwirkung von Stickstoffkohlenoxyd und von Stickstoffwasserstoffsäure unter Druck auf aromatische Kohlenwasserstoffe. Reichsmark 0·40
9. ROESER, ERNST. Die gnomonische Projektion in der hyperbolischen Geometrie. Reichsmark 0·70
10. RASCH, G. Uber die Ausnützung der Gezeiten des Meeres zur Energiegewinnung. Reichsmark 0·80
11. SALOMON, WILHELM. Magmatische Hebungen. Reichsmark 1·20

12. PÜTTER, A. Altersbestimmungen an Drachenbäumen von Tenerife. Reichsmark 0·90
13. VOLK, OTTO. Über geodätische rhombische Kurvennetze auf krummen Flächen, insbesondere auf Flächen konstanter Krümmung. Reichsmark 1·10
14. ROESER, ERNST. Die Fundamentalkonstruktion der hyperbolischen Geometrie. Reichsmark 1 40
15. RÜGER, L. und RÜGER-HAAS, P. Palaeosemaeostoma geryonides v. Huene sp., eine sessile Meduse aus dem Dogger von Wehingen in Württemberg und Medusina liasica nov. sp., eine Coronatenähnliche Meduse aus dem mittleren Lias von Hechingen in Württemberg. Reichsmark 1 50

Jahrgang 1926.

1. WOLFGANG KRULL. Theorie und Anwendung der verallgemeinerten Abelschen Gruppen. Reichsmark 1·70.
2. GEORG KLEBS. Über periodisch wachsende tropische Baumarten. Reichsmark 1·20
3. MAX MÜLLER. Über die Oberfläche von Flächenstücken. Reichsmark 1·20.
4. MAX ERNST, Über Anlagen von Organen, die nicht zur Ausbildung gelangen. Reichsmark 0 50
5. EMIL ERNST. Die optischen Eigenschaften des Andesins von Bodenmais. Reichsmark 1·10
6. WILHELM LIEPMANN. Leichengeburt bei Ichthyosauriern. Reichsmark 0·90.
7. GEORG KLEBS. Über die Längenperiode der Internodien. Reichsmark 2·40.
8. L. JOST und G. v. UBISCH. Zur Windefrage. Reichsmark 0·80.
9. WILHELM SALOMON. Gibt es Gesteine, die für bestimmte Erdperioden charakteristisch sind? Reichsmark 0·30.
10. ERNST ROESER. Der reelle Übergang zwischen den beiden nichteuklidischen Geometrien und ihrem Parallelenbegriff. Reichsmark 1 20.
11. WILHELM SALOMON. Kugelförmige Absonderung. Reichsmark 0·80.
12. WILHELM SALOMON. Felsenmeere und Blockstreuungen. Reichsmark 0·80.
13. WILHELM SALOMON. Die Gruppendefinitionen in der Paläontologie. Reichsmark 0·90.

Abhandlungen
der Heidelberger Akademie der Wissenschaften

Mathematisch-naturwissenschaftliche Klasse
Abteilung A

12. MOHR, ERNST. Über den Zusammenhang zwischen der Struktur und den morphologischen Merkmalen des Diamanten. 1924. Reichsmark 3·50

Druck: Hermann Böhlaus Nachfolger Hof-Buchdruckerei G. m. b. H. Weimar.

FSC
www.fsc.org
MIX
Papier | Fördert gute Waldnutzung
FSC® C083411

Zeitfracht Medien GmbH
Ferdinand-Jühlke-Straße 7
99095 Erfurt, Deutschland
produktsicherheit@kolibri360.de